身边生动的自然课

海滨生物世界

高　颖◎主编　吕忠平◎绘

吉林科学技术出版社

图书在版编目（CIP）数据

海滨生物世界 / 高颖主编. — 长春 : 吉林科学技
术出版社，2021.3
（身边生动的自然课）
ISBN 978-7-5578-5258-0

Ⅰ.①海… Ⅱ.①高… Ⅲ.①海滨－水生动物－儿童
读物 Ⅳ.①Q958.885.3-49

中国版本图书馆CIP数据核字(2018)第300013号

身边生动的自然课 海滨生物世界

SHENBIAN SHENGDONG DE ZIRANKE HAIBIN SHENGWU SHIJIE

主 编	高 颖	
绘 者	吕忠平	
出 版 人	宛 霞	
责 任 编 辑	杨超然 汪雪君	
封面设计	纸上魔方	
制 版	纸上魔方	
幅面尺寸	226 mm × 240 mm	
开 本	12	
印 张	4	
字 数	32千字	
印 数	1—6000册	
版 次	2021年3月第1版	
印 次	2021年3月第1次印刷	
出 版	吉林科学技术出版社	
发 行	吉林科学技术出版社	
地 址	长春净月高新区福祉大路5788号出版集团A座	
邮 编	130118	

发行部电话/ 传真　0431-81629529 81629530 81629531
　　　　　　　　　　81629532 81629533 81629534

储运部电话　0431-86059116

编辑部电话　0431-81629520

印　　刷　吉林省创美堂印刷有限公司

书　　号　ISBN 978-7-5578-5258-0

定　　价　19.90元

如有印装错误　请寄出版社调换

前　言

　　"物竞天择，适者生存。"无论身处何种环境，生物总是用自己独特的生存方式演绎着生命的乐章，它们与人类的发展相依相伴。它们拥有独特的优势，凭借着自身的智慧繁衍着。

　　本系列图书带我们走入生物的世界，揭开大自然的奥秘。从鸟类捕食的致命一扑，到海滨动物奇妙的家；从动植物特征到动植物分类。针对生物界神秘的语言、复杂的生存环境，将它们的生长、繁育、捕猎、防御、迁徙、共生等生活细节以精美的插画形式充分展现，帮助小读者形成较完整、准确的生物知识架构，建立学科思维。

目 录

寄居蟹　　沙蚕　　长蛸　　青蛤　　缢蛏　　牡蛎

泥螺

海蜷

日本扁玉螺

海葵

绮蛳螺

大白蛙螺

水黄皮　　碱蓬　　鼠尾藻　　黑壳菜蛤　　洋葱螺

海星的腹部生长着数量极其庞大的管足。管足就是海星的脚，海星靠它们自由移动。海星的食量大、胃口好，主要以贝类、海胆类和海鞘类等动物为食。吃海贝的时候，海星会先用腕打开海贝的壳，利用胃中的消化酶溶解掉海贝的肉，然后再慢慢享用。海星的再生能力非常强，它的腕断掉后，很快就会生长出新的腕。

可以使海星随意移动的管足。

别称：星鱼

门：棘皮动物门

纲：海星纲

体长：1~136 厘米

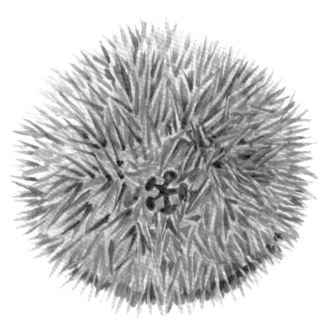

海胆坚硬的壳上长满了长短不一的尖刺，这些尖刺被折断后还能再生。比较有趣的是，海胆的嘴长在身体下方，肛门却长在上部。海胆以海藻、水螅和蠕虫为食。海胆常常紧贴在岩石上，它的尖刺之间长着冠足，冠足的尾端还有吸盘，正是这些吸盘帮助海胆吸附在岩石上。

这是将海胆倒过来看到的样子，中心部分是海胆的嘴。

刺脱落后的海胆壳。

别称：海刺猬

门：棘皮动物门

纲：海胆纲

体长：1~36 厘米（包括棘刺）

招潮蟹是一种栖息在海滩上的软甲纲沙蟹。它是穴居动物，以泥沙中的养分为食。

招潮蟹有一对红色的螯足，不过雄性招潮蟹的两只螯足大小不一。雄性招潮蟹通过挥舞自己颜色亮丽的大螯来恫吓敌人，或者吸引雌性招潮蟹的注意。

招潮蟹的眼珠生长在眼柄的末端，方便观察周边的情况。

招潮蟹在海滩上过着穴居生活，若发现有人类或动物靠近，便会立刻躲入穴中。

别称：提琴手蟹、招财蟹

门：节肢动物门

纲：软甲纲

体长：背甲宽度约3厘米

相较于梭子蟹，日本蟳的体积明显小很多。

日本蟳有坚硬的壳和强劲有力的螯足。它的螯足是猎食和进食的工具，不仅可以捏碎贝壳，还可以捏碎坚硬的藤壶。日本蟳胆大凶狠，如果人类被它攻击了，会伤得非常严重。它的肉非常鲜美，适合在秋季到次年春季捕捉食用。

当你将海边的石头掀开时，藏在石头下的日本蟳不会马上逃走，而是竖起两只螯足向你发出挑战。

日本蟳[蟳属]
xún

别称：石钳爬

门：节肢动物门

纲：甲壳纲

体长：背甲宽度 73~108 厘米

与其他蟹类不同，寄居蟹没有坚硬的壳，整个身体也比较柔弱，所以常常寄居在死亡的软体动物壳中。它把软体动物的壳当成自己的"家"。寄居蟹分布在海边岩石的水洼里，以死去的贝类、鱼类、海藻为食，所以又有"清道夫"之称。

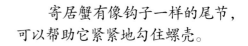

随着体形的不断成长，寄居蟹要更换更大的居所。如果找不到合适的壳，它们会排队换壳，前一只搬进了新"家"，后一只就住进前一只的旧"房子"里。

寄居蟹有像钩子一样的尾节，可以帮助它紧紧地勾住螺壳。

别称：白住房、干住屋

门：节肢动物门

纲：软甲纲

体长：5~12 厘米

它的两只螯足大小不一。

沙蚕属于环节动物，外形跟蚯蚓、蜈蚣非常相似，所以又被称为海蜈蚣。沙蚕生活在沙滩上，以泥沙中的小螃蟹、泥螺为食。

沙蚕喜欢在沙滩上钻洞，当它遇到惊扰时，会立刻钻进洞里，躲避敌害。沙蚕营养丰富，不仅能做鱼饵，还是海鸥喜欢吃的食物。

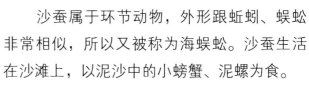

日本刺沙蚕个体较大，体长可达 2 米。

管沙蚕是一种能利用贝壳、沙砾和分泌物制成管状通道的沙蚕。

沙蚕将泥沙中的营养物吸收后排出体外。

别称：海蜈蚣、海蛆

门：环节动物门

纲：多毛纲

体长：10~20 厘米

长蛸表面光滑，没有骨头，所以整个身体软乎乎的。它有八条腕足，每条腕足上有大小不一的吸盘，当猎物靠近时，可以将猎物紧紧地吸住，然后美餐一顿。

它的警惕性很高，一旦遇到危险，就会喷射墨汁并将自己身体的颜色变深，然后迅速逃走。

短蛸与长蛸非常相似，不过短蛸更小，腕足也更短，主要生活在浅海。

鱿鱼与长蛸一样，也是软体动物且多足，它有十条腕足。

别称：马蛸、长腿蛸、大蛸

门：软体动物门

纲：头足纲

体长：30~70 厘米

用铁锹挖洞，可以抓到穴居在洞里的长蛸。

青蛤属于贝类动物，青蛤壳的颜色除了青色，还有黄白色。青蛤主要生活在淤泥与沙子混合的泥滩中，靠摄取海水中的营养成分为生。青蛤肉质肥厚、鲜美多汁，捕捉青蛤的最佳时间一般为秋季到次年春季。刚采挖出来的青蛤体内基本上没有沙子，可以直接煮食。

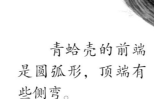

青蛤壳的前端是圆弧形，顶端有些侧弯。

别称：赤嘴仔

门：软体动物门

纲：双壳纲

体长：3~5 厘米

青蛤靠斧足潜行，平时会将水管伸出来交换氧气和吸取食物。

将缢蛏去壳、去内脏，然后洗净、晒干，可以做成蛏子干。

缢蛏与一般的贝类形状不同，是扁长形的。它的壳为黄色，很薄也很脆，非常容易碎，前、后端开口，前端是足孔，后端有水管伸出。它有两根水管，可以汲取海水中的营养成分，还可以排出废物。

人们有时会在沙滩上看到一些孔洞，轻轻拍打后会从孔洞中喷出一股海水，这说明下面藏着一只缢蛏。如果往孔里撒一些食盐，缢蛏会因为受不了高盐环境迅速冒出头来。

缢蛏 〔缢蛏属〕

别称：蛏子

门：软体动物门

纲：双壳纲

体长：约8厘米

牡蛎也叫蚝，常贴在岩石上生活。它们微微张开贝壳，吸取海水，滤食海水中的浮游生物。

牡蛎壳的外表虽然很粗糙，颜色暗淡，但是壳内肉质洁白光滑。如果有异物进入牡蛎的壳内，牡蛎就会分泌珍珠质将异物层层包裹起来，形成美丽的珍珠。牡蛎肉可以熬制成蚝油。

退潮后，贴附在岩礁上的牡蛎就会显露出来。

别称：生蚝、海蛎子

门：软体动物门

纲：双壳纲

体长：最大 10 厘米

泥螺栖息在中低潮区的泥沙滩涂上，主要以泥沙中的营养物质为食。它行动缓慢，将泥沙裹在身体上，形成与滩涂一样的颜色，起到保护自己的作用。在繁殖期内，如果两只泥螺相遇，会相互靠拢，绕着彼此旋转。泥螺的卵是胶质的，类似于透明的水泡。

圆形的泥螺卵。

泥螺可盐渍或酒渍
后食用，味道非常鲜美。

别称：泥蛳、泥糍、麦螺蛤

门：软体动物门

纲：腹足纲

体长：约4厘米

海蜷为贝类，呈长圆锥形，外壳上有一圈圈螺纹。海蜷生活在海岸沙滩上或有臭水沟味道的污泥里，以泥沙中的营养物质、死去的动物和海藻为食。它们喜欢群居，对环境的适应能力很强。

秀丽织纹螺与海蜷长得极为相似，不过它的贝壳上有很多小米粒一样的突起。

海蜷可以食用，将螺尾去掉，煮熟，吮吸着吃。

别称：无

门：软体动物门

纲：腹足纲

体长：约 10 厘米

日本扁玉螺较为凶猛，是一种食肉动物，以贝类和海螺为食。它在吸收海水后，身体会膨胀为原来的三四倍。当遇到猎物时，日本扁玉螺就用膨大的身体盖住它，将它困住，然后利用牙齿和舌头在它的壳上钻洞，吸食里面的肉。

日本扁玉螺具有很高的营养价值。它的贝壳可以制成工艺品。

日本扁玉螺的贝壳为球形或陀螺形，呈黄色。

海滩上，有的贝类壳上有小洞，这很可能是日本扁玉螺捕食后留下的杰作。

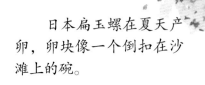

日本扁玉螺在夏天产卵，卵块像一个倒扣在沙滩上的碗。

别称：肚脐螺

门：软体动物门

纲：腹足纲

体长：约 7 厘米

海葵多数栖息在浅海、沿岸的水洼或石缝中，虽然看上去很像植物，但海葵其实是猎食性动物。海葵的触手上长有一种特殊的刺细胞，可以分泌毒素，用来捕食海水中的虾、蟹、小鱼和浮游生物等。有趣的是，它的口也是它的肛门，既能进食又能排渣。海葵可以用来做菜吃，口感与萝卜一样爽脆。但在食用之前，必须将海葵表皮和体内的黏液处理掉。

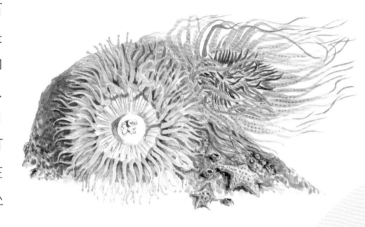

海葵在水中未受惊扰时，身上的触手会随波摇曳。

别称：无

门：刺胞动物门

纲：珊瑚纲

直径：1~180 厘米

绮蛳螺的外形和螺旋式楼梯非常相似，所以也被称为"梯螺"。绮蛳螺长有钩状的长齿舌，当看见猎物靠近时，就会伸出舌头将猎物钩进自己的嘴里。无论是从形状还是色泽来看，绮蛳螺都非常美丽，是比较珍贵的观赏贝类，可被制成装饰品。

绮蛳螺 〔海蛳螺属〕

纵肋和壳口均为白色。螺层膨圆，壳质厚度适中，壳表面具有非常好的光泽度。

别称：梯螺

门：软体动物门

纲：腹足纲

体长：4~6 厘米

这可不是冰激凌，这是绮蛳螺的俯视图。

大白蛙螺摸起来凹凸不平，这是因为它每一螺层上面都有坚实的钝结节，而且体层上也长着小结节的螺肋，整体看呈短纺锤形，外壳非常坚固，壳面为乳白色，上面布满了褐色斑点和条纹。大白蛙螺是一种食肉贝类，主要生活在近海珊瑚沙底。

大白蛙螺壳口上缘的后水管沟又短又深，而且敞开着。

大白蛙螺的壳具有较高的观赏价值，可制作成工艺品。

大白蛙螺的表面粗糙，有强肋、结节、疣，看起来就像青蛙的背，因此得名。

别称：无

门：软体动物门

纲：腹足纲

体长：15~30 厘米

洋葱螺因长得很像洋葱而得名，属于观赏螺的一种。它的贝壳非常薄，几乎是半透明的，极易碎，贝壳上的螺纹非常奇特、美观。洋葱螺主要生活在浅海、软珊瑚群中。如果将它养在鱼缸中，不仅具有观赏价值，同时还能作鱼缸的"清洁工"，洋葱螺能够吃掉鱼缸内壁上附着的藻类、底渣。这样可以维护鱼缸内的环境。

洋葱螺外壳上分布着一圈一圈的螺肋，在外唇边缘形成锯齿状。

螺顶扁平，壳顶上最宽的沟槽中布满了皱巴巴的纵脊。

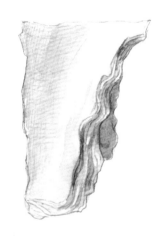

它爬行的速度相对其他螺类较快，1分钟可爬行30厘米。

别称：无

门：软体动物门

纲：腹足纲

体长：7~8厘米

黑壳菜蛤属于贝类的一种，栖息在潮间带岩石或砾石的海岸上。黑壳菜蛤整个轮廓看起来很像一个三角形，贝壳表面为褐色或者蓝色，内壁有的全部为白色的珍珠层，有的只是部分为白色珍珠层，贝肉可食用。

黑壳菜蛤外壳薄而坚韧。贝壳的表面和内壁都有颜色较深的放射状带条纹。

黑壳菜蛤味道鲜美，营养丰富。

别称：无

门：软体动物门

纲：腹足纲

体长：7~8 厘米

鼠尾藻是海洋植物，它附着在礁石上生长，藻体呈黑褐色，喜欢较冷的海水环境。它在冬天开始萌发，然后迅速生长，到了第二年春天，几乎能覆盖整块岩石。

鼠尾藻营养丰富，易于消化吸收，在粮食匮乏的年代，人们用它来充饥。如今，鼠尾藻也是海参、鲍鱼等水产动物的天然优质饵料。

一棵鼠尾藻从主干分出很多分支，每个分支形似绳索。

浒苔和鼠尾藻一样，喜欢较冷的海水环境。

别称：鼠尾巴、青虫子、刺海松

门：褐藻门

纲：圆子纲

体长：30~120 厘米

碱蓬是一种绿色植物，生长在海边、湖边等含盐碱的土壤里。春天，当碱蓬还是幼苗时，可以用来食用。晚秋时碱蓬会转变为鲜红色。碱蓬不仅能供人类食用，它的嫩芽和种子还是鸟类的食物。因此，很多鸟类选择在碱蓬丛生的地方安家。

盐角草也喜欢生长在盐碱地，其自身含有咸味。

碱蓬的幼苗。

灰绿碱蓬也喜欢生长在盐碱地，完全长大后像松树。

别称：盐蒿

门：被子植物门

纲：双子叶植物纲

高度：20~100 厘米

水黄皮的花期比较短，一般在 5~6 月开花，花朵着生于叶腋，总状花序，花朵为白色或粉红色，煞是好看。水黄皮的果实有毒，但是全株都可以用来制成催吐剂、杀虫剂等药品；从种子中提取出来的油可用作燃料；它的木材纹理致密美丽，能用来制作器具。

水黄皮

〔崖豆藤属〕

水黄皮的果实虽然跟豆角长得很像，但它有毒，不能食用。

别称：水流豆、野豆
门：被子植物门
纲：双子叶植物纲
高度：8~15 米

粉红色花冠。

它不仅可在沿海地区作堤岸防护林，也可以作行道树。

草海桐是典型的海滨植物，在海边的沙地上或者海岸峭壁上经常可以看见它的身影。它具有耐盐、耐旱、耐寒和抗强风等特点。草海桐有很强的抗污染及抗病虫害能力，生长速度很快，而且四季常绿，除了可以作海岸防风植物，也能美化环境。

叶子集中生长在分枝的顶端，呈匙形或者倒卵形。

花为白色，有5片花瓣，像一把打开的扇子。

果实呈卵球形，白色。

别称：水草仔

门：被子植物门

纲：双子叶植物纲

高度：可达7米

草海桐

文殊兰喜欢温暖湿润的地方，耐盐碱，所以经常能在海边或河边沙地上见到它的身影，有防风定沙的作用。它在6~8月开花，花为白色，在傍晚时分会散发出花香。文殊兰的种子很大，近似球形，呈浅绿色。文殊兰的叶和鳞茎有药用价值，能够活血散瘀，消肿止痛。

文殊兰长出的蒴果。

文殊兰形态优美，花朵芳香，具有较高的观赏价值，可作为盆栽装饰居室。

文殊兰 [文殊兰属]

-36-

别称： 文珠兰

门： 被子植物门

纲： 单子叶植物纲

高度： 约 1 米

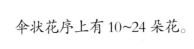

伞状花序上有 10~24 朵花。

海杧果

海杧果生长在海边，叶子和果实的形状与杧果较为相似。它的枝干粗壮，树皮为灰褐色，全株含有丰富的白色乳汁，不过，其乳汁和果实都有毒，不能食用。它的果实由木质纤维层构成，成熟后掉落在海水中可以保存一段时间，然后借助海流散布，从而在其他海岸上着生，慢慢生长。它是优良的海岸防护林树种，具有很好的防潮功能。

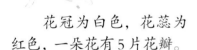

花冠为白色，花蕊为红色，一朵花有 5 片花瓣。

果实表皮光滑。

树叶为倒卵状长圆形，长 6~37 厘米。

别称：黄金茄、牛心荔、山杧果

门：被子植物门

纲：双子叶植物纲

高度：4~8 米

榄仁树的主干粗壮挺直，分枝向四面平直伸展，树冠为伞形，层次分明。榄仁树浑身都是宝，它的嫩叶汁对皮肤病的治疗有一定作用；种子能清热解毒，对咽喉肿痛有治疗作用；木材质地细密、耐腐性很强，是制作家具、工艺品、车船等的优质材料；树皮和果皮可用于提取黑色染料。

榄仁树是一种抗盐能力较强的植物，大多生长在海边沙地上。

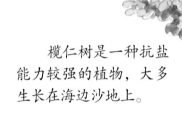

花生长在枝头，为白色或绿色穗状。

叶子密集生长在枝顶，为倒卵形，边缘稍微呈波浪状。

别称：山枇杷树

门：被子植物门

纲：双子叶植物纲

高度：10~25 米

厚藤的茎非常长，匍匐在地上蔓延生长。它的叶子长得很像马鞍，所以也叫马鞍藤。厚藤的花期几乎覆盖全年，尤其是盛夏时节，花朵开得最为繁盛。厚藤喜欢阳光充足的环境，耐旱、耐盐、抗风，是典型的沙砾海滩植物，可以起到美化海岸、防风定沙的作用，因此被认为是海岸防风定沙的第一线植物。

叶子前端有明显的凹陷，形似马鞍。

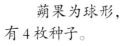

蒴果为球形，有4枚种子。

花冠辐射对称，为紫红色，像个喇叭。

别称：马鞍藤

门：被子植物门

纲：双子叶植物纲

高度：12~18 厘米

厚藤

木榄喜欢温热潮湿的环境，多生长在浅海盐滩附近。木榄的果实成熟后并不会脱离母树，里面的种子在吸收母树的营养后萌发，直到形成胚轴。木榄因为生长在高盐的环境中，无法从淤泥中获得更多的氧气，所以它长出了膝状的呼吸根，吸收空气中的氧气，帮助自己生长。

木榄
[木榄属]

从胚轴中生长
出来的木榄幼苗。

木榄的树皮含有单宁，
可以入药，能用来止泻。

为了适应环境，
木榄长有膝状呼吸根。

木榄的花有些像鸡爪。

别称：鸡爪浪、剪定、鸡爪榄

门：被子植物门

纲：双子叶植物纲

高度：约 20 米

沟叶结缕草也叫马尼拉草，它的根须纤细脆弱，根茎横向蔓延生长。它的叶子细长，呈线状，喜欢湿润的生长环境，常见于海岸沙地。它的适应性很强，生长茂密，耐踩踏，所以常被人们用来铺建草坪、公共绿地及固土护坡。

沟叶结缕草草质柔嫩，是饲养牛、马、羊的优质牧草。

细长形的总状花序。

茎叶纤细美观。

海边沙地排水良好，非常适宜沟叶结缕草生长。

别称： 马尼拉草

门： 被子植物门

纲： 单子叶植物纲

高度： 12~20 厘米

鱼藤也叫毒鱼藤，是一种攀缘灌木，多生长在海边的灌木丛中或者近海的红树林里，全身不长毛。它的根部含有鱼藤酮类毒素，能毒死鱼类，同时也能毒死昆虫，是一种非常典型的杀虫植物。

鱼藤整株都可以入药，但只能外敷不能内服。在皮肤完整无破损的情况下，外敷可以治疗湿疹、风湿、关节肿痛、跌打肿痛等。

小叶为卵状矩圆形或矩圆形，长 4~8 厘米。

鱼藤的花期在 4~8 月，总状花序腋生，花冠为蝶形，粉红色。

别称：毒鱼藤

门：被子植物门

纲：双子叶植物纲

高度：24~32 厘米

果实生长成熟期在 8~12 月，荚果扁平，长 2.5~4 厘米。

海边月见草主要生长在海岸沙滩上，因为能开出绚丽的黄色花朵，又被称为海芙蓉。它的花期在5~8月，开花时，花药伸出花被外，与花丝的连接不紧密，可以随风摇动。当花粉发育成熟后，会在风力的作用下完成自花授粉。海边月见草可药用，还可以从其种子中提取精油，用作营养补充剂或制作化妆品。

花瓣为黄色，花粉产量高，是沿海地区优良的蜜源植物。

别称：海芙蓉
门：被子植物门
纲：双子叶植物纲
高度：20~50厘米（茎长）

海边月见草 ［月见草属］

椰子树最高可达 30 米，树干粗壮笔直，多分布在赤道海滨地区。椰果近球形，里面饱含椰汁和椰肉。椰汁晶莹透亮，味道清甜，能生津止渴，是非常好的解暑饮品。椰肉芳香滑脆，从椰子肉中可提取制得椰子油。椰子树具有很强的抗风性，多用于海边绿化。

椰子树叶为羽状全裂，裂片数量多。每个裂片为线状披针形，叶柄很粗壮，长度可达 1 米。

椰子
〔椰子属〕

别称：可可椰子
门：被子植物门
纲：单子叶植物纲
高度：15~30 米

椰子油为白色或淡黄色脂肪。

露兜树多生长在海边沙地，是很好的海滨绿化树种。露兜树茎长 1 米，具有气生根，叶子集中生长在枝的顶端，枝的下端几乎没有叶子。叶子柔韧狭长，可以用来编织工艺品。露兜树的果实为卵球形或者圆柱状，很像菠萝，没成熟的时候是青绿色，成熟后会变成橘红色。

叶子的边缘有利刺。

果实外部坚硬，基部软，里面的种子味道香甜，可以食用。

成熟的聚花果。

露兜树（露兜树属）

45

别称：假菠萝、山菠萝

门：被子植物门

纲：单子叶植物纲

高度：15~20 米

你观察过海滨动物吗？寄居蟹为什么寄居在死亡的软体动物壳中？海星靠什么自由移动呢？海葵是如何捕捉猎物的？雄性招潮蟹是如何吸引雌性招潮蟹的？珍珠是怎样形成的呢？本书归纳了小学生必知的海滨生物知识，介绍了生活在海滩自然环境下的动植物，以清秀细腻的画风，浅显易懂的语言，为孩子呈现出海滨生物世界的栩栩生机！

责任编辑：杨超然　汪雪君

上架建议　少儿科普

ISBN 978-7-5578-5258-0

9 787557 852580 >

定价：19.90元

教育部长江学者
著名植物学家

郭红卫 倾力推荐

身边生动的自然课

水生植物乐园

高 颖◎主编 吕忠平◎绘

吉林科学技术出版社